思考力算数練習帳シリーズ
シリーズ14
素因数パズル

本書の目的…計算力と拡散思考を養成します。

　通分や約分の計算をするためには、「共通の素因数を見つけること」が必要です。例えば、分子が34で分母が85の分数を約分するには34も85も両方とも17で割り切れることを見つけなくてはなりません。しかし、何で約分できるのかを見つけることはかなり難しく、子供達のつまづきの原因にもなっています。一方、計算力をつけるには同様の計算を数多く練習をさせますが、このことは子どもたちにとってはとても退屈なものです。このように非常に基礎的で重要なのですが、習熟するためには退屈な作業を強いられる「共通の素因数を見つけること」を、本書では、楽しいパズルをしながら習熟することができます。また、パズルは「あれやこれやとやってみる思考方法（拡散思考）」を鍛えることができるという特徴があります。このように、本書は、楽しくパズルを解きながら自然と計算力・拡散思考力をつけることを目的にしています。さらに、パズルを楽しむことによって、算数が好きになることを願っています。

素因数パズルの用語の説明

１、**素数の意味**：「2,3,5,7,11,13…」などの整数を素数といいます。素数は1とそれ自身以外では割り切れません。例えば「7」は1と7以外では割り切れないので素数ですが。「9」は1・3・9で割り切れるので1とそれ自身の9以外の3でも割り切れるので素数ではありません。

２、**因数の意味**：ある数Pの因数とはある数をP=A×B×C…と表わされる場合にPに対してA,B,C…をPの因数といいます。例；12に対して12=2×6と表されるので2も6も「12」の因数です。

３、**素因数の意味**：ある数PがP=A×B×C…と表わされる場合で、A,B,C…が素数の場合に、Pに対してA,B,C…をPの素因数といいます。

４、**素因数分解**：ある数Pを素数のかけ算で表すことを素因数分解といいます。ある数が6の場合、6=2×3と表されます。「6」を「2×3」で表すことを素因数分解といいます。例；8=2×2×2、50=2×5×5。

素因数パズルの解き方

1、□の部分に素数を入れてたてと横のかけ算が合うようにします。同じ素数を一列の中に入れるのはかまいません。
2、正答例は巻末にのせてありますが、別の正答がある問題はいくつかあります。どうしても解けないときに、巻末の正答例を参考にして下さい。
3、とにかく答えを見ずに自分で答えを発見するまでがんばりましょう。
4、低学年から高学年まで、拡散思考養成の基礎編として使用できます。ただし、四則計算が正しく出来ることが前提です。

算数思考力練習帳シリーズについて

　ある問題について、同じ種類・同じレベルの問題をくりかえし練習することによって確かな定着が得られます。
　そこで、これから伸びゆく思考力を養成し、また中学入試につながる学習にもなる文章題等について、同種類・同レベルの問題をくりかえし練習することができる教材を作成しました。

効果的な素因数パズルの指導法

①　解き方をこまかく教えるのではなく本人に自由に解かせてください。保護者の方が、早く解くこつを発見しても、その方法を子供に教えるのは、拡散思考を養成するためには効果的ではありません。解けない問題や本人が悩んでいる問題については、お母さん（お父さん）がヒントを出してあげてください。それでもできない場合は、その問題は飛ばして数日たってから、また挑戦するようにご指導ください。

②　お母さん（お父さん）はあくまでも補助で、問題を解くのはお子さん本人です。お子さんの達成感を満たすためには、「解き方」から「答え」までのすべてを教えてしまわないで下さい。教えるのはヒントを与える程度にしておき、本人が自力で答えを出すのを待ってあげて下さい。

③　子供のやる気が低くなってきていると感じたら、無理にさせないで下さい。お子さんが興味を示す別の問題をさせるのも良いでしょう。

④　丸つけは、その場でしてあげてください。フィードバック（自分のやった行為が正しかったかどうか評価を受けること）は早ければ早いほど本人の学習意欲と定着につながります。

素因数表：本書であつかう数について素因数をすべて表します。

4＝2×2
6＝2×3
8＝2×2×2
9＝3×3
10＝2×5
12＝2×2×3
14＝2×7
15＝3×5
16＝2×2×2×2
18＝2×3×3
20＝2×2×5
21＝3×7
22＝2×11
24＝2×2×2×3
25＝5×5
26＝2×13
27＝3×3×3
28＝2×2×7
30＝2×3×5

33＝3×11
34＝2×17
35＝5×7
36＝2×2×3×3
39＝3×13
40＝2×2×2×5
42＝2×3×7
44＝2×2×11
45＝3×3×5
49＝7×7
50＝2×5×5
51＝3×17
52＝2×2×13
54＝2×3×3×3
55＝5×11
56＝2×2×2×7
60＝2×2×3×5
63＝3×3×7
65＝5×13

66＝2×3×11
68＝2×2×17
69＝3×23
70＝2×5×7
75＝3×5×5
76＝2×2×19
77＝7×11
78＝2×3×13
81＝3×3×3×3
84＝2×2×3×7
85＝5×17
88＝2×2×2×11
90＝2×3×3×5
91＝7×13
92＝2×2×23
95＝5×19
98＝2×7×7
99＝3×3×11

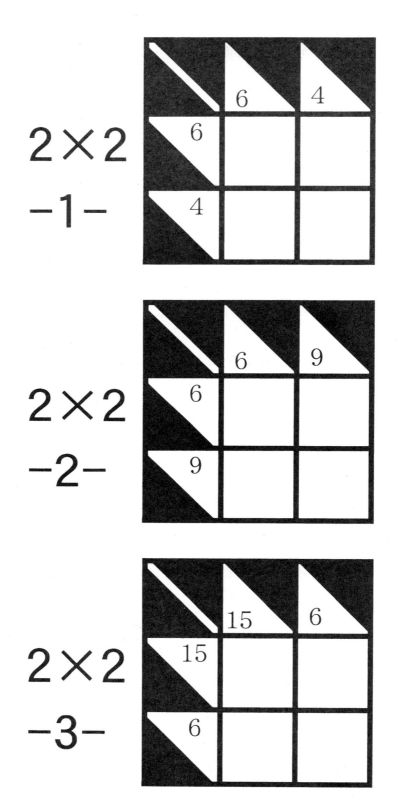

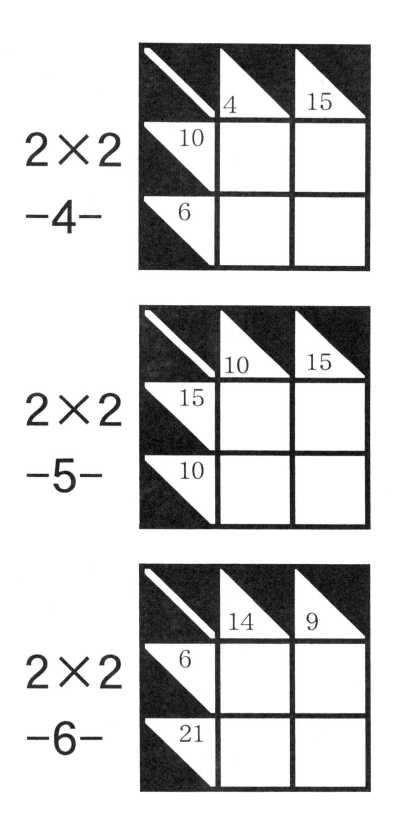

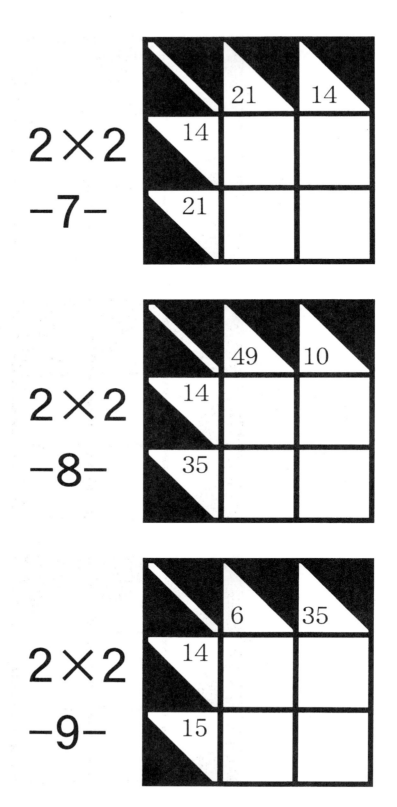

素因数パズル(2,3,5,7,11,13,17,19,23)

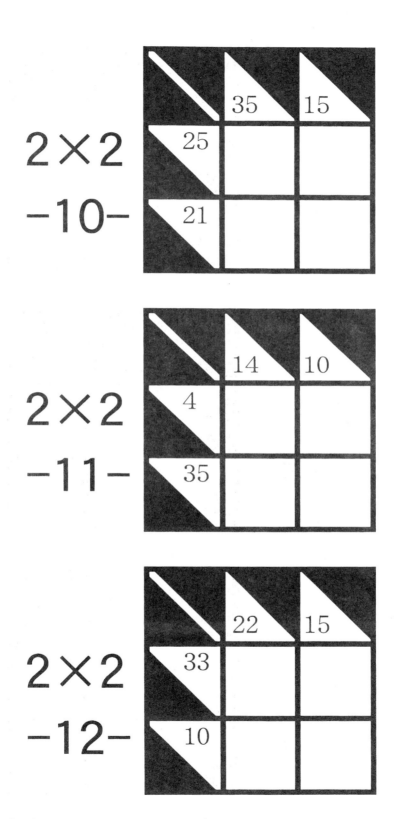

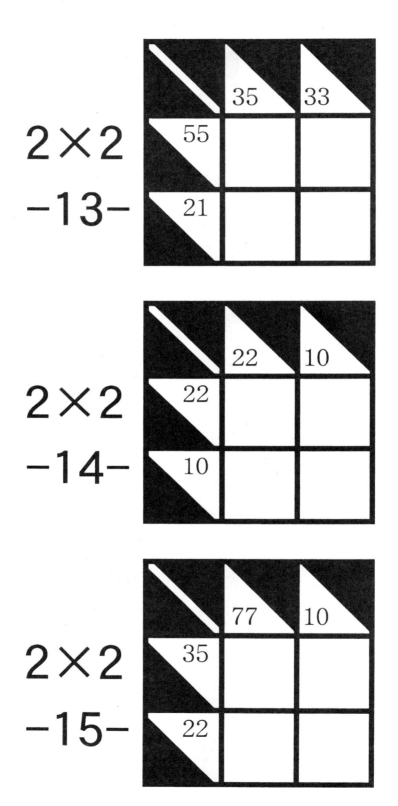

素因数パズル(2,3,5,7,11,13,17,19,23)

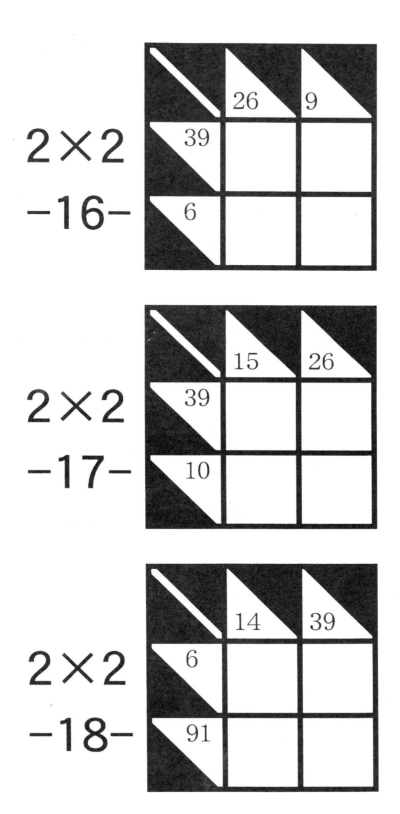

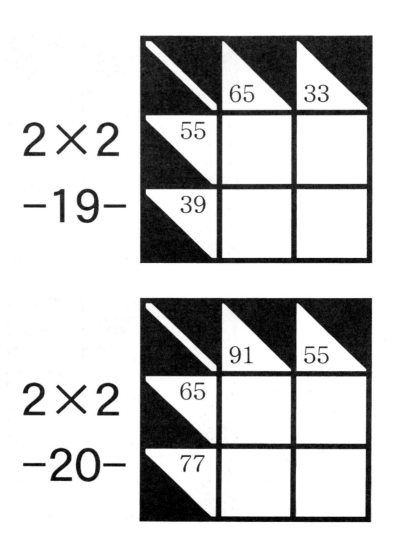

2×3 -1-

	10	9	4
12			
30			

2×3 -2-

	4	15	10
20			
30			

2×3 -3-

	9	35	6
42			
45			

素因数パズル(2,3,5,7,11,13,17,19,23)

2×3 —4—

	35	6	21
70			
63			

2×3 —5—

	25	10	6
75			
20			

2×3 —6—

	21	6	14
98			
18			

素因数パズル(2,3,5,7,11,13,17,19,23)

素因数パズル -7-

	35	25	6
75			
70			

素因数パズル -8-

	6	49	9
63			
42			

素因数パズル -9-

	10	14	21
98			
30			

素因数パズル(2,3,5,7,11,13,17,19,23)

2×3 —10—

×	33	4	6
66			
12			

2×3 —11—

×	6	33	10
44			
45			

2×3 —12—

×	6	9	77
42			
99			

素因数パズル(2,3,5,7,11,13,17,19,23)

2×3 －13－

	55	10	9
75			
66			

2×3 －14－

	6	4	26
52			
12			

2×3 －15－

	39	6	10
30			
78			

素因数パズル(2,3,5,7,11,13,17,19,23)

素因数パズル(2,3,5,7,11,13,17,19,23)　P.16

2×3 −16−

	14	26	10
52			
70			

2×3 −17−

	26	6	33
78			
66			

2×3 −18−

	55	21	6
99			
70			

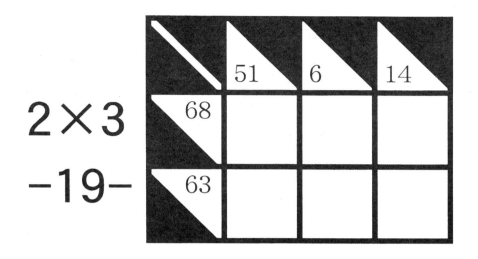

2×3
—19—

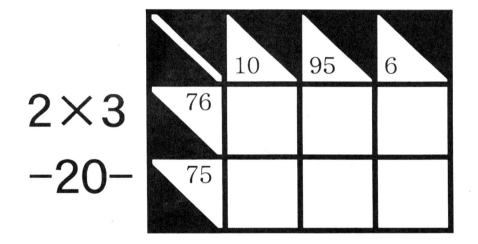

2×3
—20—

素因数パズル(2,3,5,7,11,13,17,19,23)

3×3
−1−

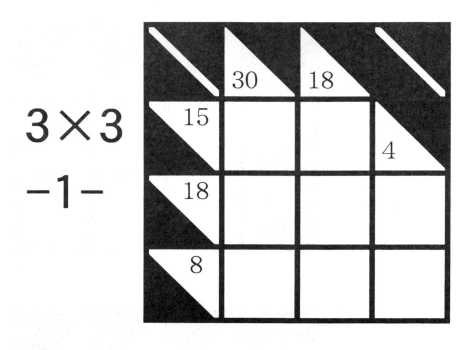

3×3
−2−

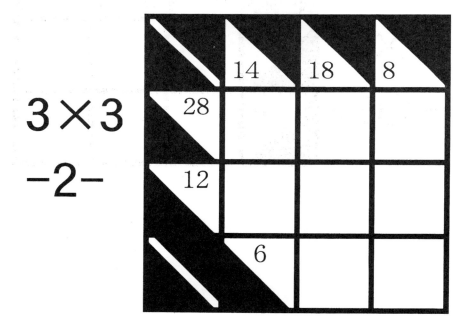

素因数パズル(2,3,5,7,11,13,17,19,23)

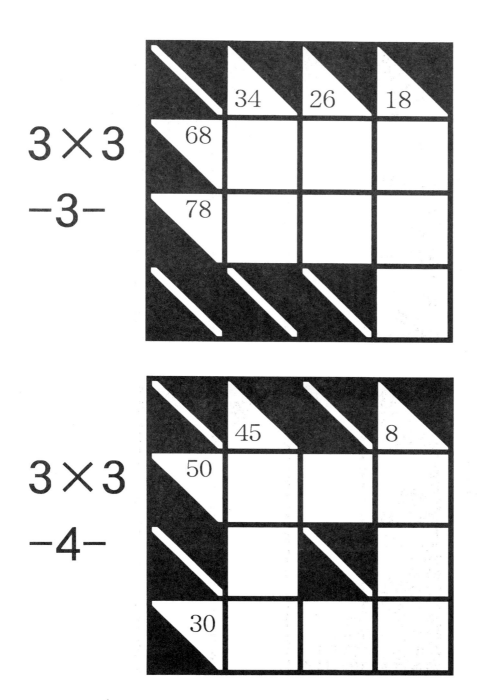

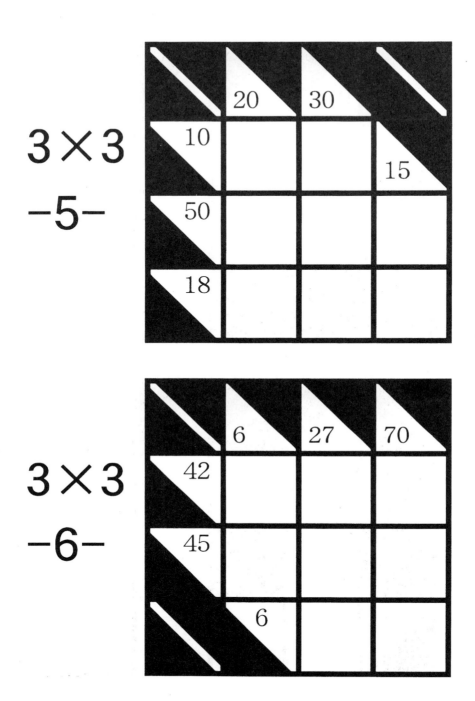

素因数パズル(2,3,5,7,11,13,17,19,23)　P.20

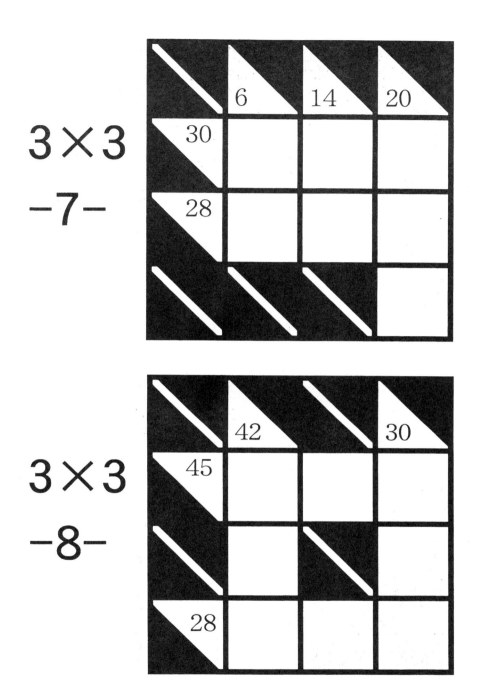

素因数パズル(2,3,5,7,11,13,17,19,23)

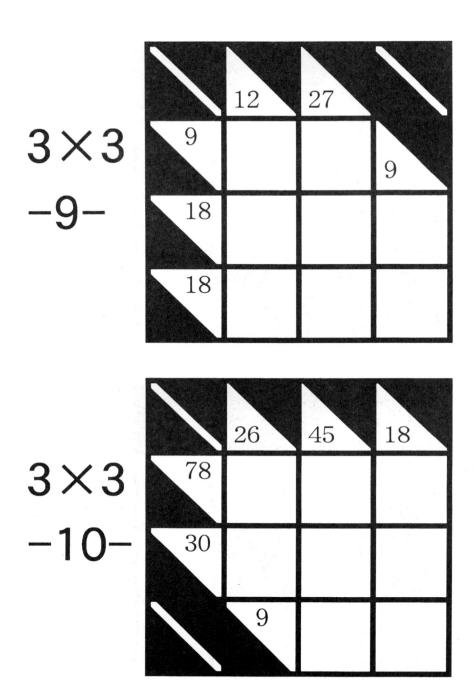

素因数パズル(2,3,5,7,11,13,17,19,23)　P.22

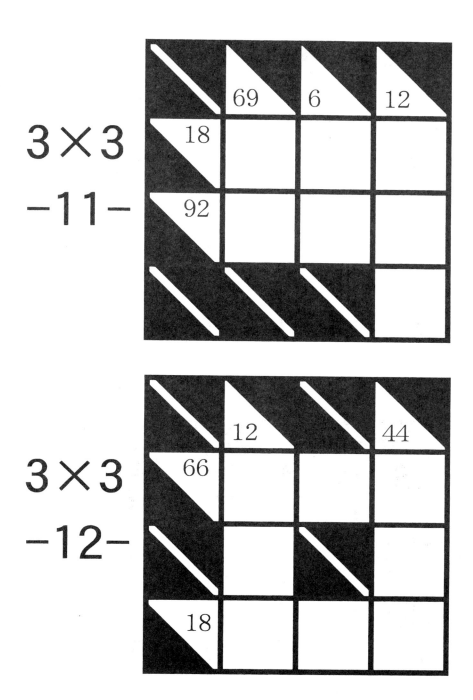

3×3
-13-

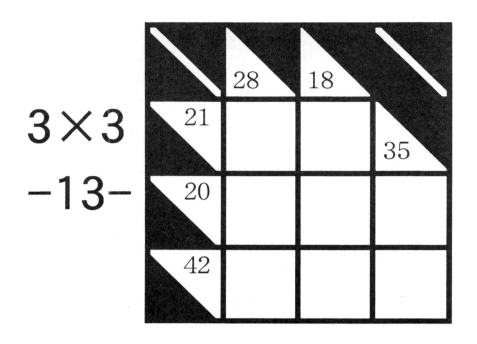

3×3
-14-

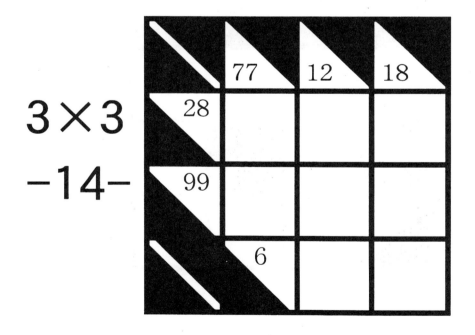

素因数パズル(2,3,5,7,11,13,17,19,23)

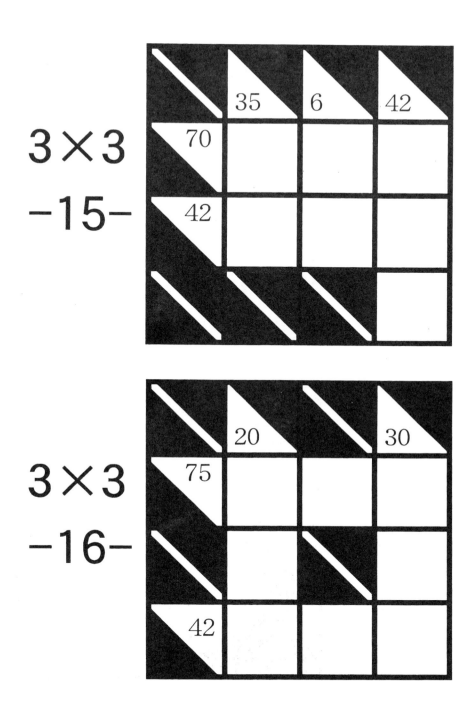

3×3
−15−

3×3
−16−

素因数パズル(2,3,5,7,11,13,17,19,23)　P.25

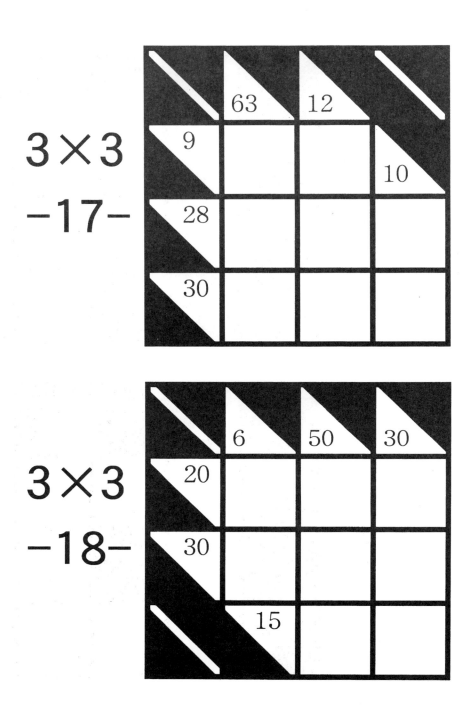

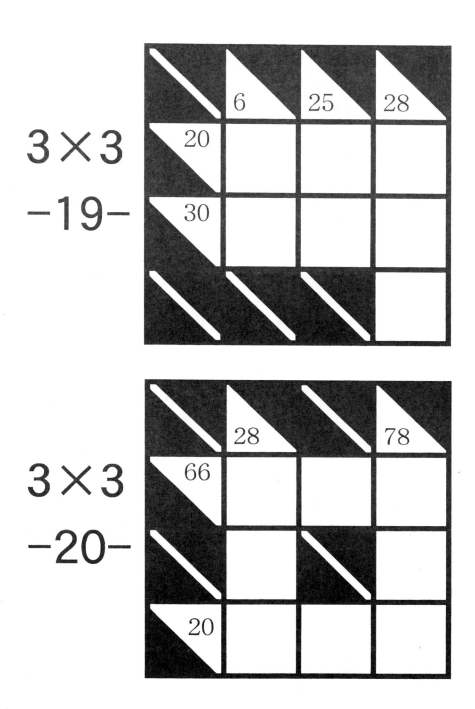

素因数パズル(2,3,5,7,11,13,17,19,23)　P.27

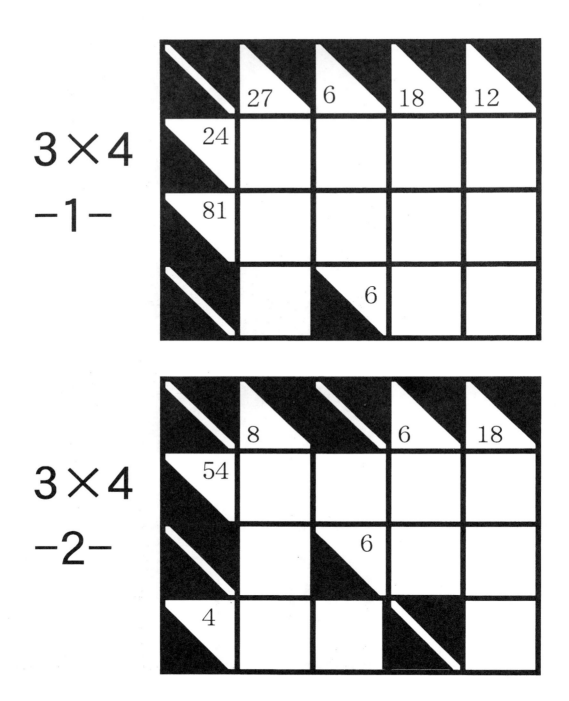

3×4 −3−

	30	30	12	6
40				
36				
45				

3×4 −4−

	20	98		18
84				
35				
60				

素因数パズル(2,3,5,7,11,13,17,19,23)

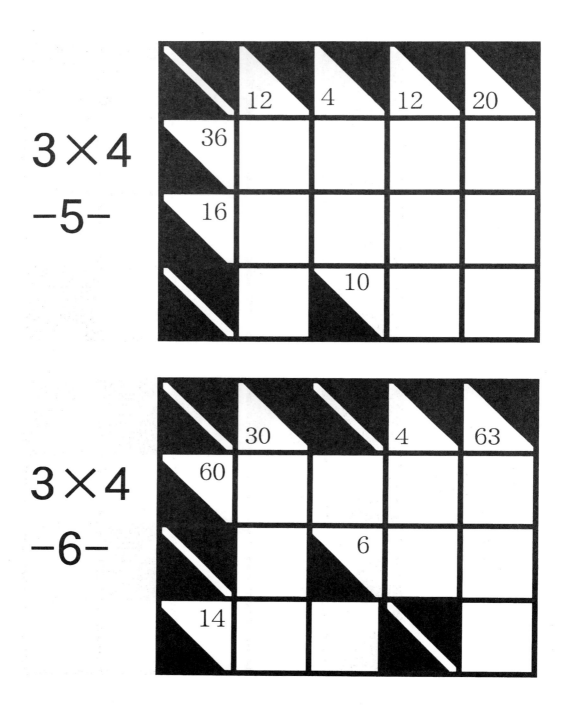

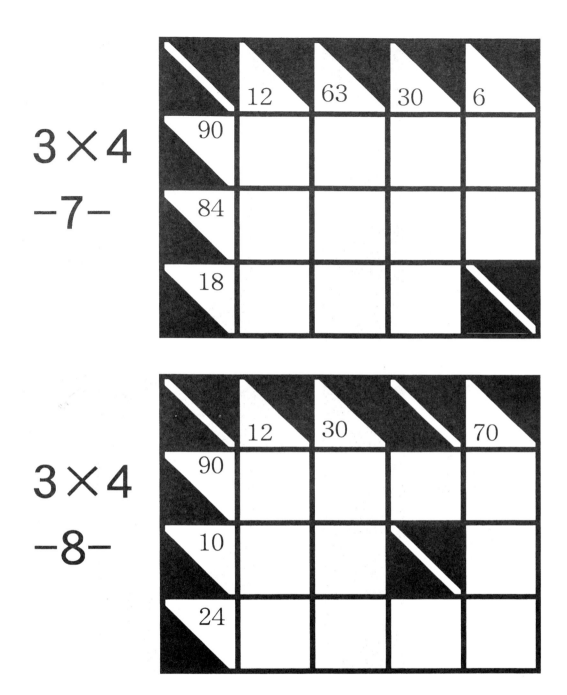

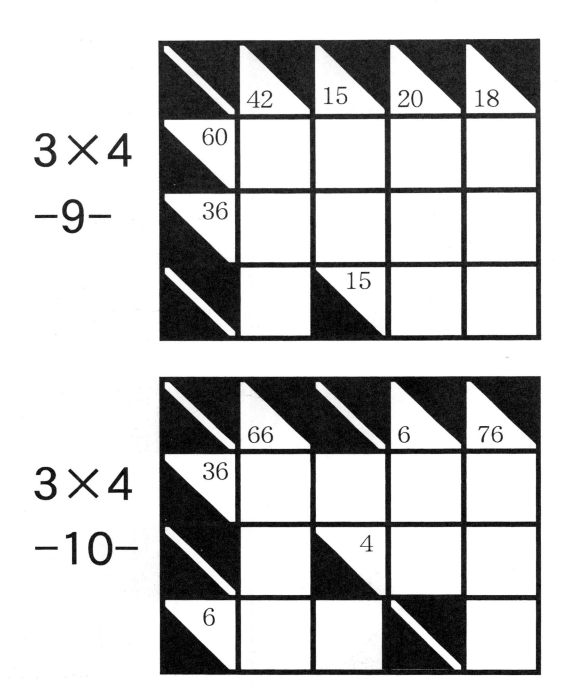

素因数パズル(2,3,5,7,11,13,17,19,23)　　P.32

3×4 —11—

	12	45	12	21
54				
84				
30				

3×4 —12—

	30	42		18
84				
6				
90				

素因数パズル(2,3,5,7,11,13,17,19,23)　P.33

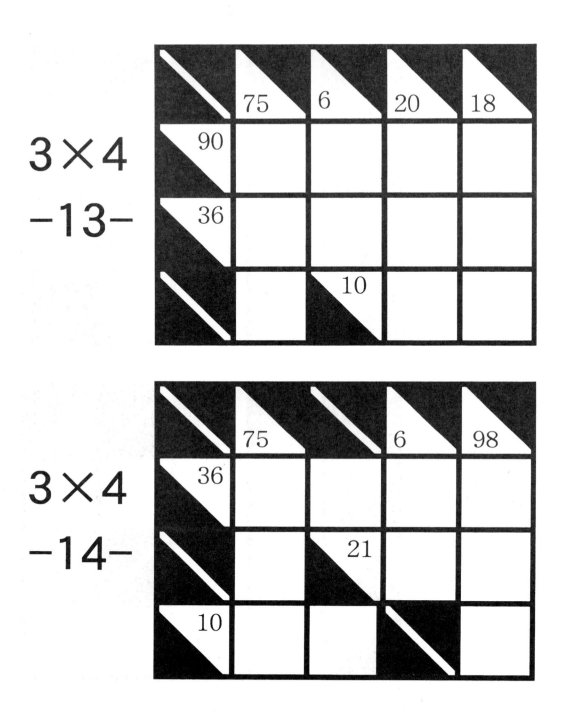

素因数パズル(2,3,5,7,11,13,17,19,23)

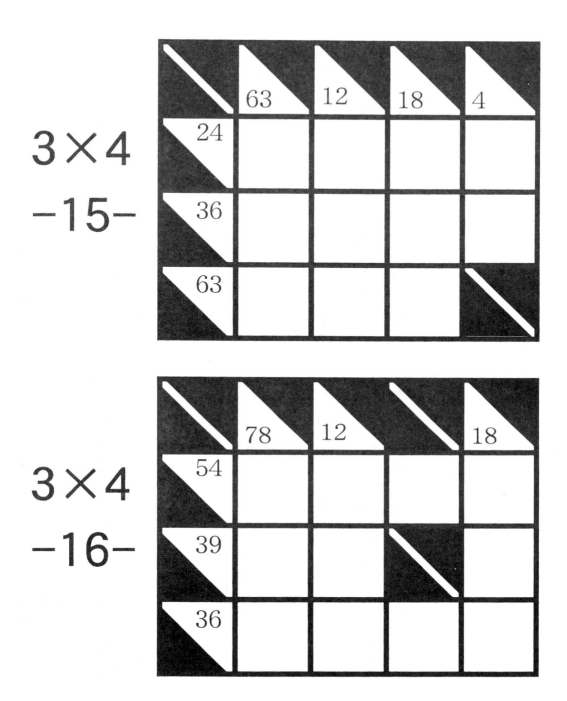

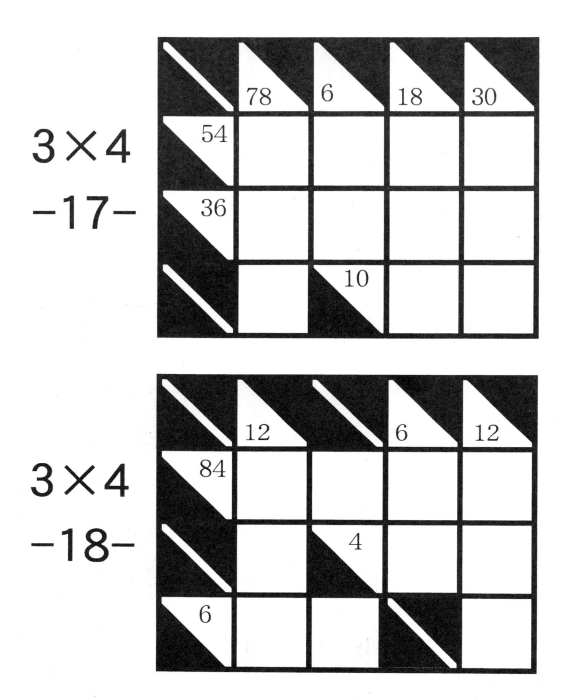

素因数パズル(2,3,5,7,11,13,17,19,23)　P.36

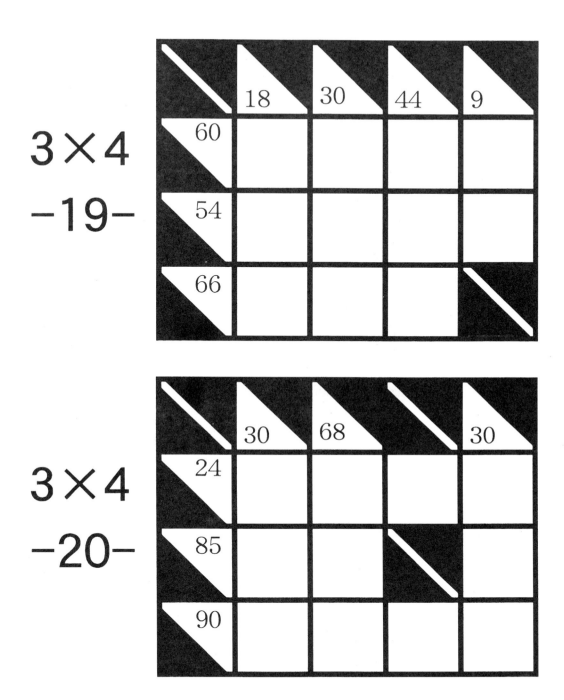

3×4
—19—

3×4
—20—

素因数パズル(2,3,5,7,11,13,17,19,23)

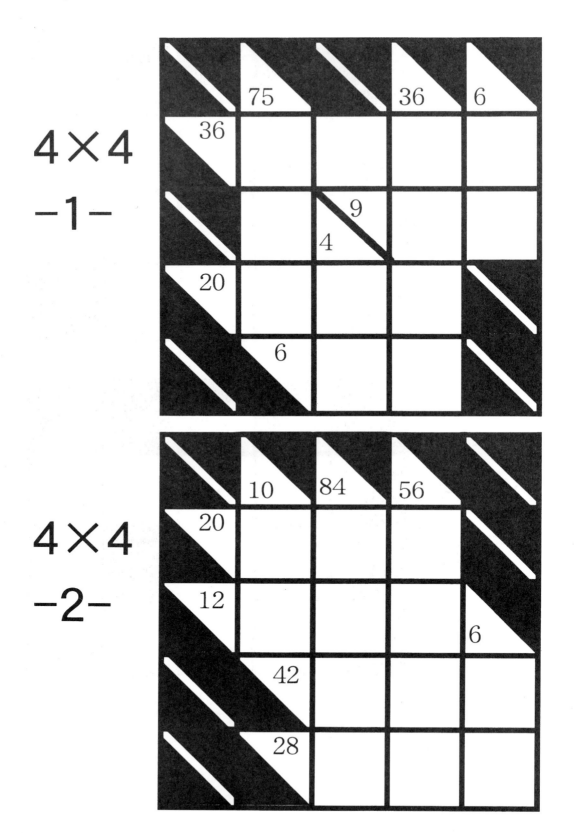

素因数パズル(2,3,5,7,11,13,17,19,23)

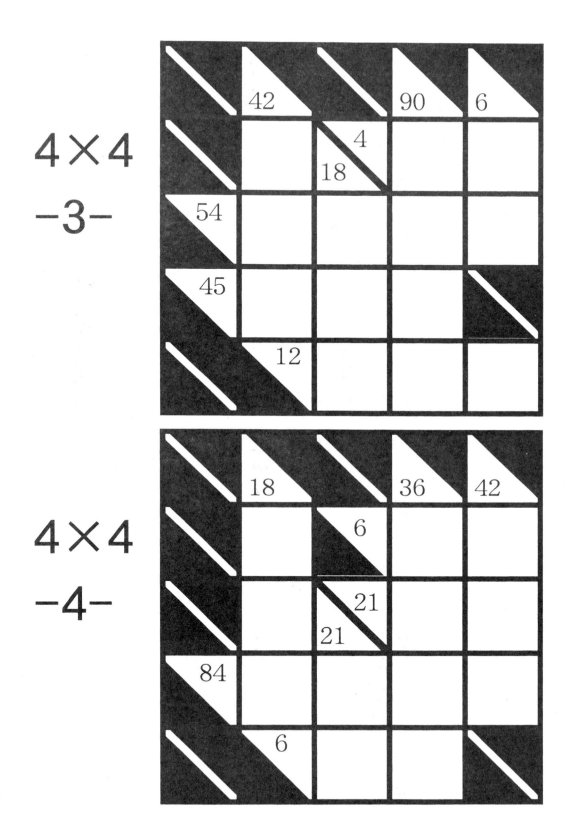

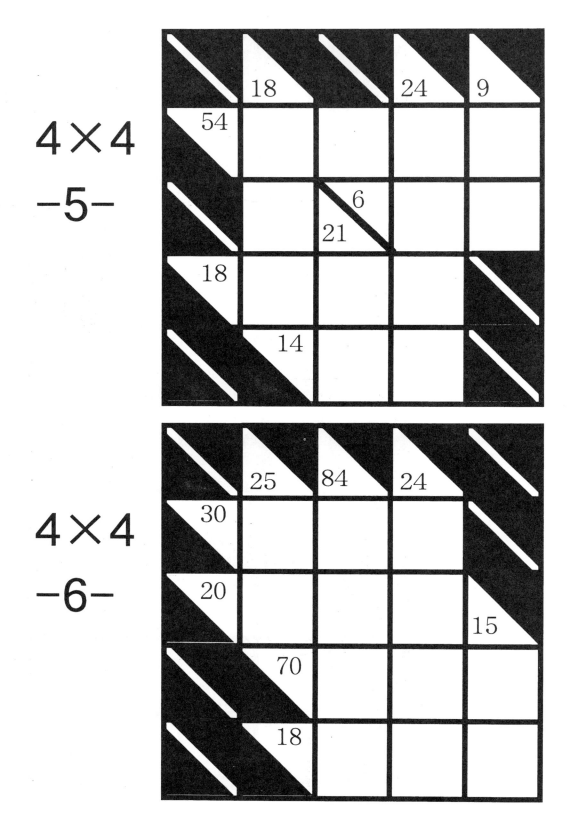

4×4 -5-

4×4 -6-

素因数パズル(2,3,5,7,11,13,17,19,23)　P.40

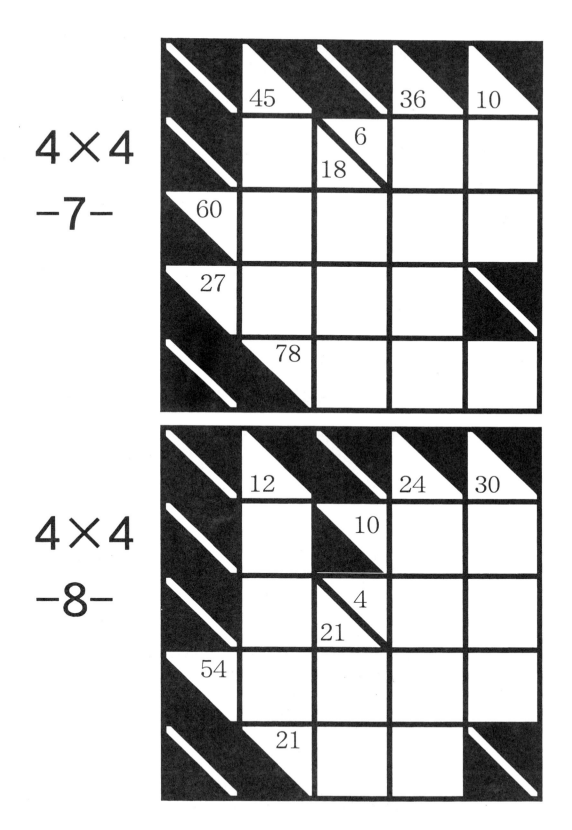

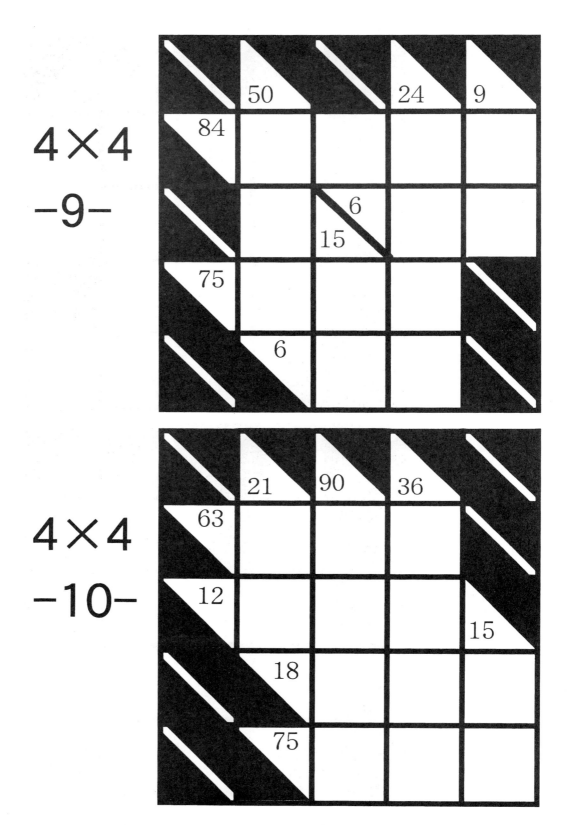

4×4
−11−

4×4
−12−

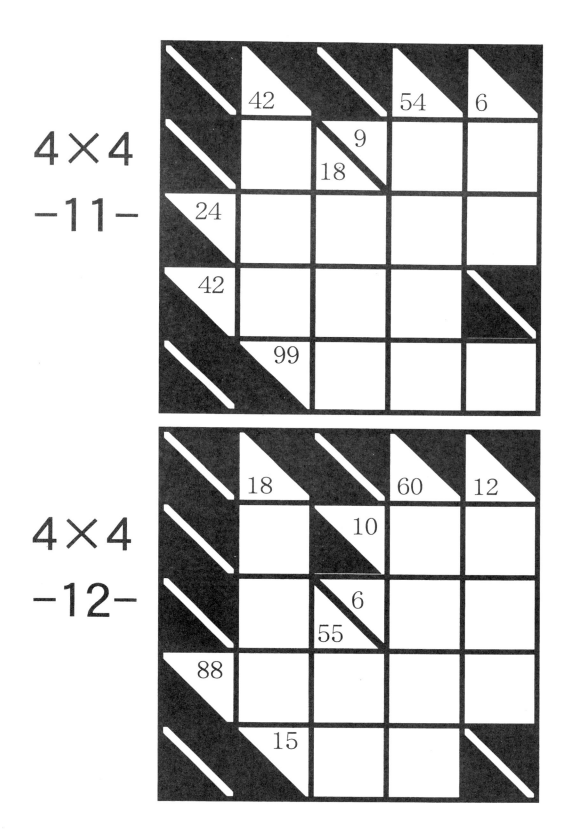

素因数パズル(2,3,5,7,11,13,17,19,23)　P.43

正答例

正答例はなるべく見ないで答を見つけましょう。その方が思考力や計算力がつきます。答が出たら確かめのために正答例とくらべましょう。ただし、正答は一つとは限りません。正答例以外にも正答がある場合があります。

2×2 -1-

	6	4
6	3	2
4	2	2

2×2 -2-

	6	9
6	2	3
9	3	3

2×2 -3-

	15	6
15	5	3
6	3	2

2×2 -4-

	4	15
10	2	5
6	2	3

2×2 -5-

	10	15
15	5	3
10	2	5

2×2 -6-

	14	9
6	2	3
21	7	3

2×2 -7-

	21	14
14	7	2
21	3	7

2×2 -8-

	49	10
14	7	2
35	7	5

2×2 -9-

	6	35
14	2	7
15	3	5

2×2 -10-

	35	15
25	5	5
21	7	3

素因数パズル(2,3,5,7,11,13,17,19,23)

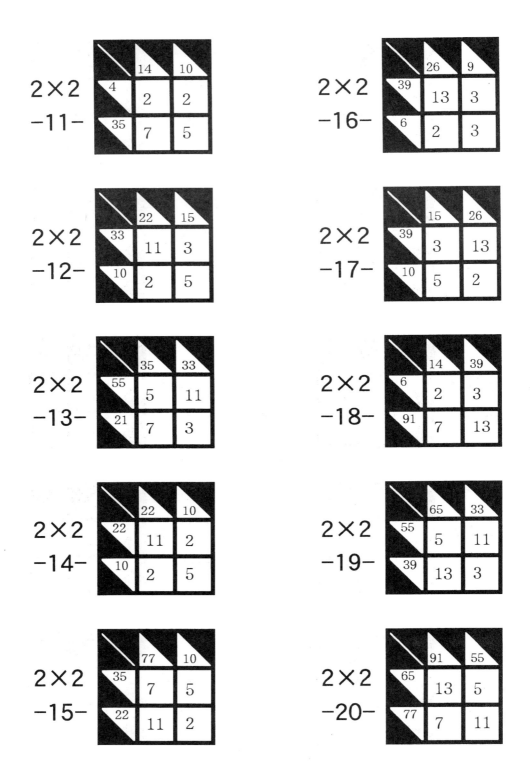

素因数パズル (2,3,5,7,11,13,17,19,23)

2×3 -1-

	10	9	4
12	2	3	2
30	5	3	2

2×3 -6-

	21	6	14
98	7	2	7
18	3	3	2

2×3 -2-

	4	15	10
20	2	5	2
30	2	3	5

2×3 -7-

	35	25	6
75	5	5	3
70	7	5	2

2×3 -3-

	9	35	6
42	3	7	2
45	3	5	3

2×3 -8-

	6	49	9
63	3	7	3
42	2	7	3

2×3 -4-

	35	6	21
70	5	2	7
63	7	3	3

2×3 -9-

	10	14	21
98	2	7	7
30	5	2	3

2×3 -5-

	25	10	6
75	5	5	3
20	5	2	2

2×3 -10-

	33	4	6
66	11	2	3
12	3	2	2

2×3 −11−

	6	33	10
44	2	11	2
45	3	3	5

2×3 −16−

	14	26	10
52	2	13	2
70	7	2	5

2×3 −12−

	6	9	77
42	2	3	7
99	3	3	11

2×3 −17−

	26	6	33
78	13	2	3
66	2	3	11

2×3 −13−

	55	10	9
75	5	5	3
66	11	2	3

2×3 −18−

	55	21	6
99	11	3	3
70	5	7	2

2×3 −14−

	6	4	26
52	2	2	13
12	3	2	2

2×3 −19−

	51	6	14
68	17	2	2
63	3	3	7

2×3 −15−

	39	6	10
30	3	2	5
78	13	3	2

2×3 −20−

	10	95	6
76	2	19	2
75	5	5	3

素因数パズル(2,3,5,7,11,13,17,19,23)

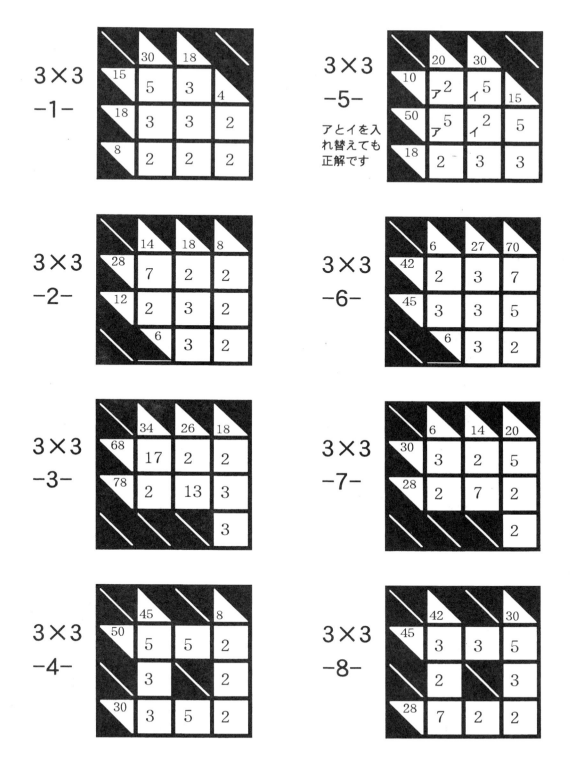

素因数パズル(2,3,5,7,11,13,17,19,23)　P.50

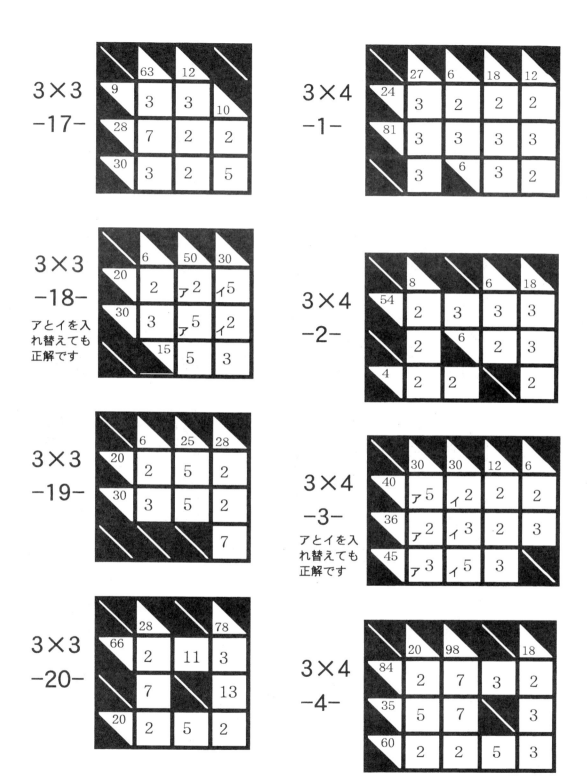

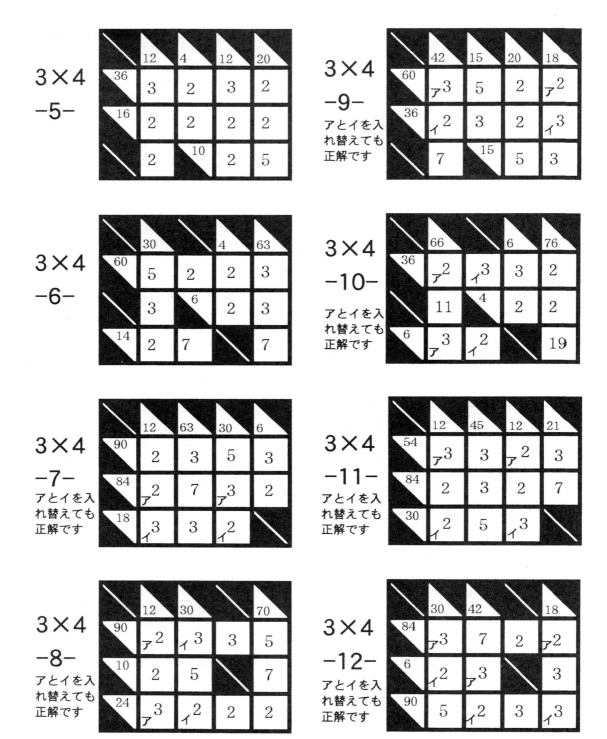

素因数パズル

3×4 −13−

	75	6	20	18
90	5	3	2	3
36	3	2	2	3
	5	10	5	2

3×4 −14−

	75		6	98
36	3	3	2	2
	5	21	3	7
10	5	2		7

3×4 −15−

	63	12	18	4
24	3	2	2	2
36	3	2	3	2
63	7	3	3	

3×4 −16−

	78	12		18
54	3	2	3	3
39	13	3		2
36	2	2	3	3

3×4 −17−
アとイ又はウとエを入れ替えても正解です

	78	6	18	30
54	ア3	3ウ	3	ア2ウ
36	イ2	2エ	3	イ3エ
	13	10	2	5

3×4 −18−

	12	6	12
84	2	7	3	2
	3	4	2	2
6	2	3		3

3×4 −19−

	18	30	44	9
60	2	5	2	3
54	3	3	2	3
66	3	2	11	

3×4 −20−

	30	68		30
24	2	2	3	2
85	5	17		3
90	3	2	3	5

素因数パズル(2,3,5,7,11,13,17,19,23)　　P.53　　M.access

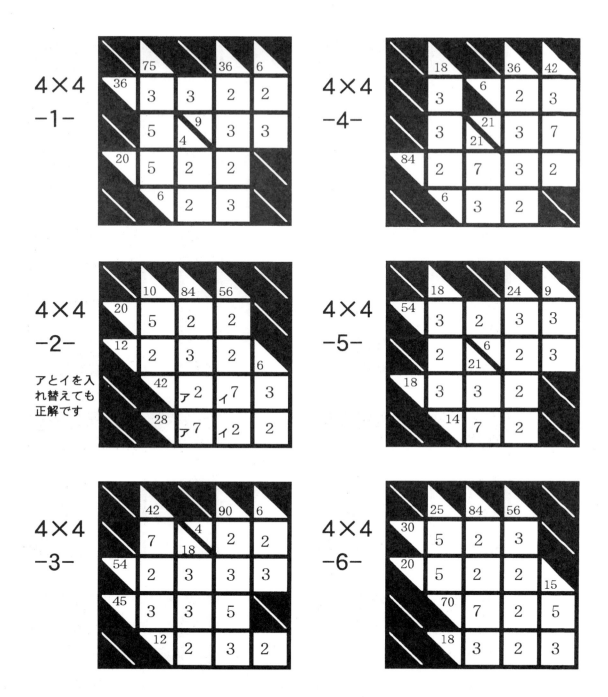

素因数パズル(2,3,5,7,11,13,17,19,23)　P.54

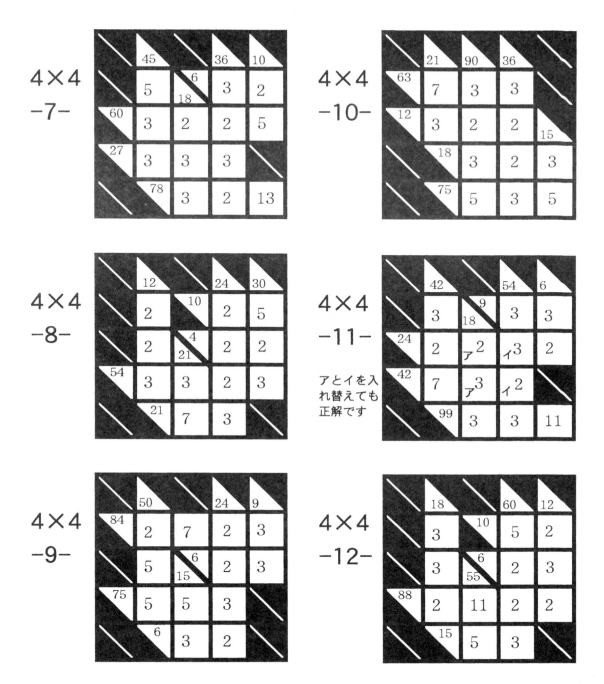

M.acceess　学びの理念

☆学びたいという気持ちが大切です
　勉強を強制されていると感じているのではなく、心から学びたいと思っていることが、子どもを伸ばします。

☆意味を理解し納得する事が学びです
　たとえば、公式を丸暗記して当てはめて解くのは正しい姿勢ではありません。意味を理解し納得するまで考えることが本当の学習です。

☆学びには生きた経験が必要です
　家の手伝い、スポーツ、友人関係、近所付き合いや学校生活もしっかりできて、「学び」の姿勢は育ちます。
　生きた経験を伴いながら、学びたいという心を持ち、意味を理解、納得する学習をすれば、負担を感じるほどの多くの問題をこなさずとも、子どもたちはそれぞれの目標を達成することができます。

発刊のことば

　「生きてゆく」ということは、道のない道を歩いて行くようなものです。「答」のない問題を解くようなものです。今まで人はみんなそれぞれ道のない道を歩き、「答」のない問題を解いてきました。

　子どもたちの未来にも、定まった「答」はありません。もちろん「解き方」や「公式」もありません。
　私たちの後を継いで世界の明日を支えてゆく彼らにもっとも必要な、そして今、社会でもっとも求められている力は、この「解き方」も「公式」も「答」すらもない問題を解いてゆく力ではないでしょうか。
　人間のはるかに及ばない、素晴らしい速さで計算を行うコンピューターでさえ、「解き方」のない問題を解く力はありません。特にこれからの人間に求められているのは、「解き方」も「公式」も「答」もない問題を解いてゆく力であると、私たちは確信しています。
　M.accessの教材が、これからの社会を支え、新しい世界を創造してゆく子どもたちの成長に、少しでも役立つことを願ってやみません。

思考力算数練習帳シリーズ１４
素因数パズル　新装版　整数範囲　　（内容は旧版と同じものです）

新装版　第１刷
編集者　M.access（エム・アクセス）
発行所　株式会社　認知工学
〒６０４－８１５５　京都市中京区錦小路烏丸西入ル占出山町308
電話　（０７５）２５６－７７２３　　email : ninchi@sch.jp
郵便振替　０１０８０－９－１９３６２　株式会社認知工学

ISBN978-4-86712-114-6　C-6341　　A14110125B　　M

定価＝ 本体６００円 ＋税